NOTICE

SUR

LES EAUX MINÉRALES EN GÉNÉRAL

ET SUR CELLES

DE MÉDAGUE ET DE Sᵀ-ALYRE EN PARTICULIER,

Par C.-A-H.-A. BERTRAND, Médecin au Pont-du-Château,
département du Puy-de-Dôme;

Auteur du Manuel médico-légal des poisons ingérés, d'un grand nombre de
Mémoires médicaux, insérés dans les journaux scientifiques; Correspondant
de l'Académie royale de médecine; Associé des Sociétés de médecine de
Paris, Lyon, Bordeaux, Strasbourg; Membre titulaire de l'Académie des
sciences, belles-lettres et arts de Clermont-Ferrand.

CLERMONT,

IMPRIMERIE DE THIBAUD-LANDRIOT ET Cⁱᵉ, LIBR.,
Rue Saint-Genès, 10.

—

1842.

NOTICE

SUR

LES EAUX MINÉRALES EN GÉNÉRAL

ET SUR CELLES

DE MÉDAGUE ET DE S^T-ALYRE EN PARTICULIER [1].

> « La plupart des choses qui sont destinées à notre usage
> » réclament des préceptes, pour en diriger utilement
> » l'emploi. »
>
> *(Dict. des Scienc. méd., tom.* xi, *p.* 24,
> *art.* Eaux minérales).

Sɪᴛᴜᴇ́ᴇs sur la rive droite de l'Allier, à peu
de distance à l'est du village de Jose, à vingt
kilomètres environ de Clermont-Ferrand,
département du Puy-de-Dôme, les eaux
minérales de *Médague* sourdent sur quatre
points différents, dans une plaine assez vaste

----

(1) Il m'est aussi flatteur qu'honorable de présenter au public
cet opuscule revêtu du suffrage approbatif de l'Académie des
sciences, belles-lettres et arts de Clermont-Ferrand, qui, dans
sa séance du 21 avril 1842, a arrêté son insertion dans les An-
nales scientifiques, littéraires et industrielles de l'Auvergne, où
il vient de paraître.

et fertile en blé, chanvre et prairies, plantées d'arbres saules qui ombragent agréablement ce joli paysage placé au pied d'un coteau à couches calcaires servant d'aliment au principe gazeux que renferment les eaux, et sur les flancs duquel la vigne étale avec orgueil ses rameaux.

Ce coteau borne à l'est la vallée qui offre une végétation à la verdure vigoureuse, une variété de culture servant de type à sa physionomie que vient harmonieusement embellir à l'ouest le courant rapide des eaux onduleuses et limpides de la rivière d'Allier qui, en souveraine, anime et vivifie ce magnifique bassin d'où le regard s'arrête délicieusement sur les nombreuses embarcations qui la sillonnent, et portent au loin les produits agricoles et industriels de l'Auvergne.

Là se trouve donc réuni l'agréable à l'utile, et, pour tout dire, la jouissance d'un beau ciel à la pureté de l'air et à la douceur du climat : toutes conditions bien propres à faire apprécier la grande fréquentation de ces eaux par les indigènes, qui ont su d'ailleurs reconnaître l'importance de leurs propriétés par les effets salutaires que l'expérience, cette puissance souveraine, leur a appris à savoir distinguer et à apprécier, de manière à ne pas aller chercher dans les pays lointains ou étrangers ce qui se trouve chez eux.

De ces quatre sources de *Médague*, l'une, la plus considérable, est appelée le Gros-Boulet; elle est confondue actuellement avec la rivière d'Allier qui baigne et entoure par un bras de délaissement le rocher calcaire d'où elle sort par jets ou bouillons; elle a fait naguère l'objet d'une adjudication de la part de l'autorité départementale comme faisant partie du domaine public, et malgré les prétentions contraires mises en contact sur le droit de propriété par la commune de Jose et la famille Goutey-Pérignat, y habitant, qui est propriétaire des trois autres sources, ou, tout au moins, de celle qui sourd dans un bassin couvert de sable ou limon à sa surface, et où se rendent depuis long-temps les buveurs comme étant la seconde en abondance et la seule en usage aujourd'hui.

Ces eaux proviennent, avons-nous dit, d'un terrain chargé de calcaire, ou se rapprochant du terrain primitif qui les rend riches en acide carbonique, qu'elles tirent ou non leur origine de montagnes à volcans éteints, comme le croit *Berzélius*, pour les eaux minérales acidules en général.

Toujours prévoyante dans ses desseins, la

nature, ou pour mieux dire le créateur, a ainsi établi le gisement central de ces eaux, comme pour parer aux engorgements viscériques qui sont la conséquence des irritations organiques sans fièvre ou avec fièvre à type intermittent, de ces fièvres dites rataleuses dont sont assez ordinairement atteints, dans la saison estivale et notamment en automne, les habitants des différentes plaines plus ou moins marécageuses qui les entourent dans une circonférence d'environ soixante à soixante-quinze kilomètres.

Ce rayon circulaire est figuré de façon à ce qu'il passerait par Riom, Ennezat, Maringues, Lezoux, Billom, le Pont-du-Château, Clermont, et viendrait aboutir à Riom, de manière à laisser dans le centre commun de tous ces points principaux, les marais de Cœur, de Saint-Beauzire, d'Entraigues, de Fouilhouse, de la Ronzière, de Lenty, de Bouzel, de Vassel, d'Espirat, de Cormède, de Lussat, de Malintrat et Aulnat, etc., où règnent comme épidémiquement presque tous les ans, et surtout à la suite des hivers et des printemps pluvieux, des fièvres intermittentes automnales qui, ayant assez ordinairement pour cortége concomitant des phlegmasies gastro-intestinales, laissent assez souvent à leur suite des irritations, des engorgements chroniques que combattent efficacement les eaux de *Médague*, ce qui a fait dire à *Raulin*, médecin de Louis XIV, qu'elles ont quelquefois arrêté des fièvres intermittentes rebelles.

Il est reconnu aujourd'hui qu'il existe en France environ quatorze cents sources d'eaux minérales, dont trente à peu près jouissent d'une certaine célébrité; que le gouvernement en fait inspecter en son nom soixante-dix-huit ou quatre-vingts disséminées dans quarante départements, et que l'Etat en possède en toute propriété dix à douze seulement.

Celles de *Médague*, privées d'une haute réputation, n'ont pas obtenu jusqu'à ce jour le privilége de l'exportation lointaine accordée à tant d'autres, parmi lesquelles, à juste titre, elles pourraient être placées comme congénères; mais en revanche elles sont fréquentées chaque année par un très-grand nombre d'habitants des pays qui les environnent.

Accessibles qu'elles sont à toutes les positions sociales, puisque, jusqu'à présent, elles n'ont fait le sujet d'aucune redevance; les uns, d'après l'avis d'un homme de l'art, se rendent sur les lieux, comme les Bretons vont à *Dinan*, les Languedociens à la source de la *Malon* ou à celle d'*Avène*, etc.; d'autres, au contraire, les boivent inconsidérément de leur propre autorité, et sans connaissance préalable de l'avantage ou de l'inconvénient qu'il peut y avoir à en user.

Bien qu'il y ait des règles à suivre dans le mode de leur administration pour la dose, la durée du traitement qu'il convient parfois de modifier, de suspendre et même de cesser entièrement, la plupart des buveurs ne tiennent aucun compte de la nature de leur maladie, de leur constitution particulière, des influences générales qui les environnent ou des *circumfusa*, et se laissent conduire par des conseils insensés, par la routine, l'aveuglement ou un entêtement déraisonnable qui les entraînent dans des abus nuisibles.

J'ai eu si souvent à combattre des désordres produits par une conduite aussi peu réfléchie de la part des gens du peuple, que j'ai gémi nombre de fois sur les écarts qu'ils commettent en ce genre par impéritie, par une sorte de bravoure ou de témérité, en faisant assaut à qui boira davantage de ces eaux.

Ces fanfaronneries sont telles, que la quantité ingérée en quelques heures a été portée jusqu'à trente, quarante et cinquante verres.

De cette disproportion avec la dose convenable, il doit en résulter naturellement des accidents dont la violence est en raison directe de l'abus commis.

Guidé par un amour philanthropique, je me fais un devoir de signaler à l'attention publique des abus aussi graves, en formulant le vœu de les voir s'éteindre, soit par la précaution de la part des malades de ne plus fréquenter ces eaux sans, au préalable, avoir pris l'ordonnance d'un médecin qui leur servirait de règle de conduite, soit par la direction nouvelle et profitable que donnerait un médecin attaché comme inspecteur à ces eaux qui, bien qu'étant en tout ou en plus grande partie une propriété privée, rentrent dans les catégories de celles de Châteauneuf, de Châtelguyon, de Châteldon, de Saint-Nectaire, de Sainte-Marguerite, et du Tambour, département du Puy-de-Dôme, et auprès desquelles ont été nommés inspecteurs MM. Salneuve, Deval, Desbret, Coubret, Vernière et Rigal (1).

Propriétés physiques. — Les eaux de *Médague* surgissent en pétillant sans cesse dans

---

(1) En exprimant ici le vœu de la création d'un médecin-inspecteur auprès des eaux de Médague, j'ignorais la nomination qui a été faite naguère de M. le docteur Parot, des Martres-d'Artières, près de cet établissement.

Par le choix judicieux de cet estimable confrère, se réaliseront les espérances que promettent ses lumières et son zèle pour faire cesser la fausse direction que l'ignorance et l'impéritie ont fait prévaloir dans l'usage de ces eaux, de manière à les rendre souvent plus funestes qu'utiles.

leur réservoir par le dégagement continu du gaz acide carbonique en bulles qui viennent crever à la surface de l'eau avec un bruissement remarquable. Ce dégagement est plus appréciable à l'approche des orages. Elles sont limpides, transparentes et présentent à leur surface une pellicule argentée extrêmement fine, couleur de nacre, ou matière grasse organique, par leur exposition au contact de l'air ; elles ont une saveur piquante, aigrelette, un peu alcaline ou salée ; qualité qui attire les pigeons du voisinage, non aux lieux où elles sourdent, mais bien dans ceux de leur découlement où s'opère l'évaporation du gaz acide carbonique, et où, par leur contact plus prolongé avec l'air atmosphérique, leurs principes salins sont mis à nu ; leur température est égale à celle de l'atmosphère, leur pesanteur spécifique est à peu près celle de l'eau distillée, leur odeur est nulle à l'air libre, leur dépôt est peu abondant et d'une couleur jaune ; cette couche ocracée paraît être formée par un péroxide de fer.

Propriétés chimiques. — A ce point de vue l'œil, l'odorat et le goût seraient aujourd'hui, comme autrefois, les premiers juges de leur composition, et la décision de ces experts naturels serait peut-être plus sûre et moins fautive que l'appréciation tirée de l'analyse chimique qui donne souvent des résultats variables et différents.

Au surplus, ces eaux qui, par leur constitution chimique, ont un degré de parenté ou d'affinité avec beaucoup d'autres, et celles de Vichy en particulier, dégagent beaucoup de bulles gazeuses par l'agitation, éteignent la flamme d'une chandelle mise en contact avec elles, rougissent le bleu de tournesol, forment avec l'eau de chaux un précipité blanc, contiennent une grande proportion de gaz acide carbonique.

L'analyse chimique y démontre du muriate de soude, des carbonates de chaux, de soude et de fer; mais ce dernier sel, qu'y décèle l'acide gallique, s'y trouve en petite quantité.

Ces eaux sont donc gazeuses, acidules, alcalines ou salées.

Elles ont été soumises naguère à des expérimentations chimiques par les soins obligeants de M. *Lecoq*. Ce savant professeur, qui n'a pu s'occuper d'une analyse de quantité pondérique de chacun de leurs éléments constitutifs, mais bien de celle de leur indication sommaire, a reconnu qu'elles ramènent au bleu le papier de tournesol rougi par les acides, qu'elles sont même très alcalines, qu'elles ne présentent point de traces de

fer, qu'elles paraissent avoir beaucoup d'ana-
logie avec celles de Vichy, et qu'en un mot
elles contiennent de l'acide carbonique libre,

Du bi-carbonate de soude,

Du bi-carbonate de chaux,

Du bi-carbonate de magnésie,

Du sulfate de soude,

Du muriate de soude,

Du bitume,

Une matière organique.

Ce dernier principe gélatineux, encore
peu connu dans son essence, bien que ré-
pandu généralement dans les sources minérales, qui acquiert une organisation particulière par le contact de l'air et de la lumière,
qui a été découvert à Barrèges par M. *Long-
champ* sous le titre de barrégine, que M. *Ro-
biquet* a trouvé en abondance dans les eaux
de Néris, paraît, d'après les observations de
ce dernier chimiste célèbre, avoir une grande
tendance à se combiner, à s'assimiler avec les
tissus de nos organes, de manière à modifier,
à augmenter leur vitalité.

C'est probablement cette matière végéto-
animale qui rend les recherches chimiques
souvent infidèles, soit pour établir la repro-
duction identique des composés constitutifs
des eaux minérales, soit pour faire ressortir,

par l'analyse, leurs propriétés médicales établies, quand ces recherches ont pour objet la *substitution*, pour l'usage médical, des eaux minérales artificielles aux eaux naturelles.

Sous ce double rapport, je suis heureux d'avoir un témoignage éclatant de justice à rendre aux lumières profondes et à l'impartialité qui distinguent éminemment la citation suivante que j'emprunte à M. *Lecoq*. « Je termine ici, dit-il, ce long plaidoyer » en faveur des eaux thermales que je con- » sidère comme un des agents les plus puis- » sants dont le Créateur ait disposé dans la » formation de la croûte du globe, comme » une des causes les plus énergiques de l'or- » ganisation des plantes et des animaux, et » comme un des secours les plus puissants » offert à nos souffrances et à nos infirmités. » Un jour viendra où toute justice leur sera » rendue. Alors on s'occupera de la recher- » che de cette matière organisée que le feu » détruit et que nos analyses laissent échap- » per. On ne basera plus leurs propriétés sur » la présence de quelques sels souvent in- » signifiants; on reconnaîtra, comme le di- » sait le célèbre *Bordeu*, qu'une sorte de vie » particulière est l'apanage des eaux miné-

» rales, et que tous nos moyens d'imitation
» sont bien éloignés des procédés de la na-
» ture. » (*Recherche sur les eaux minérales,*
par H. Lecoq, *page* 36.)

Bien que la démonstration des principes
constituants des eaux de *Médague,* communs
à beaucoup d'autres eaux minérales d'une
plus grande renommée, soit, à juste titre
pour chacune d'elles, revendiquée par la
science chimique, celle-ci, entraînée par la
force exclusive du *sensualisme,* me paraît
pousser trop loin ses prétentions en voulant
substituer, pour l'usage médical, les eaux
minérales factices aux eaux naturelles d'après
la conformité *sensible* de leur composition
qu'elle offre pour garant d'une communauté
parfaite de propriétés médicinales.

L'expérience viendrait au besoin justifier
l'assertion contraire comme un témoignage
de l'erreur attachée à cette *substitution* qui
n'a grandi de nos jours que par l'influence
de la spéculation mercantile de l'industria-
lisme qui nous déborde de toutes parts par
un trafic honteux et déplorable.

Il me sera donc permis de penser que l'analyse et la synthèse, pour arriver à imiter les
eaux minérales naturelles en grande réputation ou autres, doivent être souvent impar-

faites ou fautives, parce que les opérations chimiques, quoique admirablement et artistement dirigées par des mains habiles dans les dimensions étroites d'un appareil quelconque, ne peuvent point égaliser celles qui ont lieu dans le vaste laboratoire et les larges procédés de la nature, où se trouve ce *divinum quid* qui s'éclaire au foyer de toute sagesse au lieu de marcher à la lueur vacillante de la raison de l'homme auquel s'applique ici particulièrement cette sentence terrible : *Errare humanum est.*

Cette grande vérité a déjà été fortement accentuée par le docte et savant inspecteur des eaux du Mont-Dore, qui, en termes explicites, observe que « plus les services de » la chimie sont incontestables, moins il est » permis d'en exagérer la valeur, et c'est » mal comprendre les intérêts de la science » que de lui attribuer une perfection qu'elle » n'a point....... Comme la vérité dont elles » émanent, les sciences physiques rejettent » la fiction : la nature a bien assez de ses » voiles sans la couvrir des nôtres. » (*Recherches sur les propriétés des eaux du Mont-d'Or, par le docteur* Bertrand, *Introd. p.* xviij.)

Au surplus, laissons parler M. *Soubeiran.* (Notice sur la fabrication des eaux minérales

artificielles, p. 70, Paris, 1840.) « La plus
» forte objection, dit-il, qu'on ait pu faire
» contre la substitution des eaux artificielles
» aux eaux naturelles, c'est l'*incertitude* où
» nous serons *toujours* que l'analyse nous ait
» fait connaître *exactement* la nature et la
» quantité des éléments qui se trouvent dans
» ces eaux, et l'*impossibilité* où nous sommes
» de reproduire *fidèlement* certains composés
» qui s'y trouvent. »

J'avouerai cependant, et sans me départir
pour cela de la conviction attachée aux témoignages honorables des autorités puissantes
que je viens de citer, que ces eaux ainsi fabri-
quées rendent de grands services aux malades
qui, par une cause quelconque, ne peuvent
se rendre aux sources mêmes, ou se procu-
rer, sans l'inconvénient de leur altération,
les eaux naturelles qui en proviennent.

Au demeurant, les eaux artificielles, qui
font partie du bagage scientifique de notre
époque, ont aussi leur côté utile dans certains cas, de telle façon qu'aux traits saillants
de mes argumentations et de mes assertions
contraires se joint le besoin que j'éprouve
naturellement d'encourager particulièrement
le premier jet des efforts louables de mon
estimable collègue, M. *Aubergier,* pour arri-

ver à doter le plus largement possible les eaux minérales artificielles, qui font l'objet de ses travaux, des principes inhérents aux eaux minérales naturelles les plus accréditées.

Usage et propriétés médicales. — L'on prend les eaux de Médague le plus ordinairement en boisson sur les lieux ou à domicile; mais là elles sont moins actives par l'évaporation successive du gaz acide carbonique à chaque fois que l'on débouche le vase qui les contient et au fond duquel viennent se précipiter les sels que ce gaz tenait en dissolution. Dans l'un et l'autre cas, la quantité à ingérer varie suivant l'indication maladive, depuis trois jusqu'à huit verres par jour, dans la matinée et à jeun, en mettant une demi-heure d'intervalle d'un verre à l'autre.

Une plus grande dose, surtout celle de vingt, trente à quarante verres, devient abusive, en donnant lieu à un sentiment d'ivresse par la quantité du gaz acide carbonique qu'elles contiennent, à des sur-irritations, à des recrudescences maladives, à des coliques, à des superpurgations souvent dangereuses.

Bien que l'usage ait prévalu jusqu'à ce jour de n'user particulièrement de ces eaux

que pendant les mois de mai, juin, juillet, août et septembre, elles pourraient, ainsi que le conseille le docteur *Heyfelder* pour celles d'Allemagne, être fréquentées dans les cas urgents, dans toutes les saisons de l'année, et être bues à domicile, même en hiver, en prenant alors des précautions hygiéniques convenables.

Ces eaux peuvent aussi être employées en lotions, en injections, en gargarismes pour combattre les ulcères atoniques, les otites chroniques, les épulies, etc. Leur principe gazeux les rend rafraîchissantes, sédatives, modératrices du cours du sang. Par leurs parties salines et gazeuses, elles deviennent altérantes, apéritives. Elles sont excitantes, toniques à raison de la proportion de fer qu'elles contiennent unie à leur principe salin. Elles conviennent dans les maladies chroniques des voies urinaires à l'instar de celles de Vichy, dans la chlorose dite atonique, dans les inflammations lentes ou chroniques de la muqueuse gastro-intestinale, dans celles des glandes mésentériques, dans les gastralgies, les entéralgies, dans les engorgements chroniques, récents des tissus parenchymateux des viscères du bas ventre, où un principe particulier d'irritation entretient un état fluxionnaire permanent qui épuise, use à la longue la texture organique ; elles sont aussi avantageusement mises en usage dans certains états atoniques du tube digestif d'où résultent des digestions lentes et laborieuses ; mais alors il convient d'en user particulièrement aux repas en les mêlant au vin.

Pour donner plus de relief et d'assurance aux propriétés acquises aux eaux de Médague, dans les différents cas maladifs que je viens de signaler, j'aurais pu tirer de ma pratique personnelle, des exemples propres à justifier leur emploi avantageux, particulièrement dans les maladies chroniques du canal digestif ou gastro-entérites chroniques et gastro-entéralgies, dans les engorgements récents de ce système d'organes, dans les fièvres à type divers, concomitantes et consécutives à leur altération fonctionnelle ; mais j'ai pensé que cette simple indication pratique pourrait remplacer sans inconvénient le groupe de phénomènes inhérents à ces différents états maladifs que j'aurais pu produire.

Cet échafaudage des faits que j'ai recueillis n'aurait rien fait pour la science qui a pour elle, en ce genre, un luxe de richesses. Il aurait en pure perte augmenté le cadre de cette notice, d'où je veux éloigner ces assertions hasardées ou trop légèrement articulées par certains médecins, par la faveur ou la mode sur les prétentions médicinales ou thérapeutiques par trop exagérées de tel ou tel établissement thermal.

En formulant ainsi incontinent et plus haut tous les cas maladifs où l'emploi de ces eaux, sagement dirigé, peut être utile et avantageux, je suis loin de ne pas reconnaître parfois leur insuffisance, et de leur accorder une puissance absolue pour chacun d'eux; celle-ci, au contraire, d'une application générale, est relative et restreinte aux conditions que je vais mentionner par l'organe de mon jeune homonyme, l'auteur savant et modeste du Voyage aux eaux des Pyrénées.

« Avec leur secours, dit-il,........ la méde-
» cine n'a qu'une seule chance pour guérir;
» c'est quand il y a altération des fonctions
» seulement, modification vicieuse dans leur
» manière de s'accomplir. A sa main habile
» et sage de reprendre tous ces éléments en
» désordre, et de rétablir le calme et la
» régularité dans cet organisme bouleversé
» d'abord. Voilà sa tâche; mais là se borne
» sa puissance. Elle répare, ordonne, mais
» ne refait point. Le pouvoir créateur est
» hors de son domaine. Elle demeure tou-

» jours impuissante, quand une atteinte plus
» grave a vicié, non-seulement le mécanisme
» régulier de la vie, mais encore altéré dans
» sa substance quelqu'un des grands organes
» qui l'accomplissent. » (*Voyage aux eaux
des Pyrénées, chap. IV, Eaux chaudes; par
le docteur* Bertrand *fils.*)

Les eaux minérales, en général, ne sont
donc point et ne sauraient être une panacée
universelle ou un remède à tous les maux.

Mode d'action. — Les eaux de Médague
agissent sur les différents sécréteurs, en y dé-
terminant des révulsions perturbatrices favo-
rables qui déplacent avantageusement l'irritation morbide accrue vicieusement sur un
ou plusieurs organes, de manière à pervertir
leurs fonctions.

Elles ont donc, comme leurs congénères,
pour principale propriété de changer le
mode d'action de l'exhalation cutanée, d'augmenter les sécrétions muqueuses du canal
alimentaire et des voies urinaires ; mais il
importe de surveiller, de maintenir dans des
proportions relatives convenables, ce nouvel
ordre d'irradiations, de fluxions congestives
d'où doit dériver un *consensus* de mouvements intérieurs, généraux, et propres à
ramener les fonctions à leur état normal.

Nous ajouterons qu'elles et leurs semblables produisent, sur ces différentes surfaces, une certaine excitation propre à y faire naître tout à la fois des phénomènes de révulsion et d'élimination, d'où résulte la diminution, l'extinction de la fluxion morbide dont elles étaient plus ou moins partiellement le siége, et qui dès lors s'étend, s'éparpille sur un plus grand nombre de points, de façon à ce que leurs propriétés vitales sont ramenées doucement et peu à peu à des conditions de résolution, et que l'amélioration opérée alors dans l'ensemble de l'organisation, tend à effacer, à dissiper l'effet local des fluxions, des congestions, des spasmes cérébraux ou rachidiens, etc.

Mais dans l'état actuel de la science, où le génie éclectique cherche à élucider les questions qui se rattachent tout à la fois au solidisme et à l'humorisme, n'importe-t-il pas de cuider que la puissance de la révulsion sur les solides vivants, de la part des propriétés excitantes des eaux minérales, n'est pas capable de produire isolément les effets salutaires qu'elles déterminent.

En effet, par ce mode unique d'agir, elles laisseraient en dehors les liquides qui, également doués de vitalité, peuvent aussi éprouver des altérations primitives concomitantes ou secondaires dans leur mouvement, leur circulation, leur composition que l'action directe des eaux minérales tend à modifier, à corriger, soit lorsqu'ils tiennent les fibres dans un état de constriction, de spasme, d'irritation, soit quand ils sont eux-mêmes atteints de relâchement, d'inertie, ou qu'ils sont privés de leur force de cohésion.

Les effets des eaux de *Médague,* comme ceux de toutes les eaux minérales, sont aussi subordonnés à leur mode d'administration, à l'intensité de la maladie, à son ancienneté, à l'idiosyncrasie propre du malade, à la tolérance des organes pour la mise en action des principes minéralisateurs, lorsqu'ils vont par voie d'absorption, d'assimilation, les stimuler par leur contact, et porter dans leurs fonctions une perturbation qui se révèle par une réaction, une excitation locale et générale plus ou moins intense et salutaire, et qui peut aussi devenir funeste par une contre-indication, une administration intempestive.

Quand les eaux minérales sont prises en boisson, cette excitation, qui se passe sur la membrane muqueuse gastro-intestinale et sur les ramifications nerveuses du grand sympathique, porte directement son action sur le

tube digestif et secondairement ou sympathi-
quement sur l'appareil tégumentaire, ou sur
les reins, d'où la manifestation, suivant son
degré d'activité sur ces différents systèmes
d'organes, de la diarrhée, de la transpiration,
de l'écoulement des urines, ce qui a fait dire
que les eaux minérales sont tantôt purgatives,
tantôt sudorifiques (surtout prises en bains),
tantôt diurétiques.

En un mot, elles impriment aux maladies
chroniques un état plus ou moins aigu qui
titille, réveille les organes plongés dans l'en-
gourdissement, augmente les sécrétions et
favorise des crises salutaires, quand leur excitation est lente, modérée et maintenue dans
des limites convenables, tandis que si celle-
ci est trop forte, elle exaspère les inflammations latentes, et hâte les progrès des dégénérescences organiques.

Cette mise en regard de leurs propriétés
me porte à reconnaître avec le docteur *Pa-
tissier*, que, « considérées d'une manière
» générale, les eaux minérales raniment la
» circulation languissante, impriment une
» nouvelle direction à l'énergie vitale, réta-
» blissent l'action perspiratoire de la peau,
» rappellent à leur type physiologique les
» sécrétions viciées ou supprimées, provo-

» quent des exanthèmes, des furoncles et
» des évacuations salutaires par les urines,
» les selles ou la transpiration ; elles pro-
» duisent dans l'économie une transmuta-
» tion intime, un changement profond ; elles
» retrempent, en quelque sorte, le corps
» malade. » (*Manuel des eaux minérales naturelles, p. 22, Paris,* 1837.)

En d'autres termes, les eaux minérales re-
dressent, en quelque façon, les déviations
vitales ; elles corrigent les propriétés morbides incidentelles, les dispositions ou ten-
dances anormales de l'organisme, et chassent
les matériaux onéreux ou nuisibles.

Classées jadis parmi les ressources variées
de la thérapeutique des affections chroniques,
ainsi que je viens de le démontrer, les eaux
minérales avaient été momentanément discré-
ditées par les écoles physiologique et anato-
mique de ces derniers temps qui, l'une et
l'autre, dans leurs préoccupations systéma-
tiques, avaient mis en lumière des doctrines
trop exclusives, et peu en rapport avec les
lois de la physiologie pathologique et les re-
marques pratiques de l'expérience.

Suivant la première, le règne minéral étant
réfractaire à l'organisation, et jouissant dès
lors de propriétés irritantes à un haut degré,

ne saurait être applicable à profit à ces divers états morbides.

Les adeptes de la seconde école, également dirigés par un vice de philosophie et habitués qu'ils sont à considérer les altérations organiques séparément des forces agissantes de l'organisation, appelées forces *synergiques* ou de situation fixe par *Barthes*, avaient paru désespérer de l'action générale et plus ou moins occulte des eaux minérales pour dissiper les lésions qu'ils envisageaient comme quelque chose d'inévitable et de fatal.

Mais ramenée à des principes plus rationnels et repoussant les exagérations, la médecine clinique ou d'observation, judicieusement appelée médecine hippocratique, a fait justice de ces erreurs de sectes, et relève chaque jour cette défaveur qui avait été nouvellement répandue sur l'usage des eaux minérales; et à ce point de vue, elles ne sont plus aujourd'hui, comme médicament, un sujet de doute, même pour les esprits les plus sceptiques.

Direction nouvelle applicable aux eaux de Médague. — Livrés à eux-mêmes, les nombreux buveurs qui se rendent à *Médague* peuvent ils apprécier jusqu'à quel point il y a une juste répartition dans l'appel qu'ils font des forces vitales vers tel ou tel appareil sécrétoire par l'usage de ces eaux ?

Quel compte peuvent-ils se rendre aussi de l'influence des circonstances environnantes, tirées de la température de l'air, des vêtements, du régime ?

Sont-ils dans le cas de calculer quand il faut mêler ou non les eaux à un modificateur approprié, et de quelle nature doit être ce dernier ?

Savent-ils qu'en général l'art indique l'interdiction des eaux minérales dans tout état fibrile ou d'acuité maladive , dans celui qui revêt un caractère hectique, dans les cas prononcés d'irritation , de pléthore sanguine, d'anévrisme du cœur ou des gros vaisseaux , de phlegmasie aiguë , gastro-intestinale, pulmonaire ou autre , dans les épanchements sanguins ou séreux des cavités , les suppurations internes , dans les dégénérescences squirrheuses ou cancéreuses, etc. ?

Connaissent-ils l'impuissance de l'estomac, quand , par suite de la stimulation déterminée de prime abord par les eaux minérales sur cet organe, ils cherchent à satisfaire trop complétement leur appétit qui est alors devenu plus ou moins artificiel ?

Dans cet état de choses, et pour parer à

tous ces inconvénients plus ou moins graves, ne serait-il pas à désirer que l'avis tutélaire d'un homme de l'art fût toujours préalablement mis en œuvre pour décider les cas où ces eaux conviennent, et leur meilleur mode d'administration, ou que leur direction fût confiée à un médecin éclairé (1) que les malades consulteraient, soit pour fixer tout d'abord l'utilité ou la non utilité de ces eaux, soit pour en régler les doses progressives et décroissantes, indiquer la durée du traitement, soit pour augmenter, suspendre ou arrêter l'état particulier des différentes excrétions produites par leur action, soit pour obvier aux accidents produits par leur abus, soit pour déterminer les conditions hygiéniques et le régime alimentaire à observer pendant leur usage, soit pour établir les particularités à suivre dans leur emploi, quand elles doivent être transportées, soit, en un mot, pour arriver à savoir 1°. que les eaux minérales *passent bien*, quand elles n'occasionnent pas de pesanteur sur l'estomac, n'excitent pas d'envie de vomir, ne causent pas de colique, ni gêne, ni douleur de tête;

---

(1) Cette lacune a été favorablement remplie par la nomination sus-indiquée du docteur Parot.

2°. que les repas doivent être éloignés de plusieurs heures après leur usage ; 3°. que leur quantité, au début, doit être minime et progressivement plus abondante ; avec la précaution de ne pas en terminer l'emploi d'une manière brusque ; 4°. qu'à leur cessation, il est utile de ne pas suivre un régime intempestif ou trop excitant, et de s'abstenir de tout remède actif ; 5°. qu'il faut suspendre les eaux, lorsqu'on ressent du malaise, une diminution de l'appétit, de la chaleur à la peau, la langueur des forces ; 6°. qu'alors il convient de faire diète, de prendre du repos, des tisanes délayantes, acidulées ; 7°. qu'enfin il est important, quand on use des eaux, de se garantir des dangers et des accidents auxquels exposent les changements subits de l'atmosphère, en prenant la précaution, au besoin, de se vêtir d'habillements de laine.

Pour compléter ces derniers enseignements pratiques qui font partie intégrante de mes investigations, et pour corroborer les témoignages tirés du désir profond que j'ai d'être utile à mes compatriotes dans l'expression de ma longue expérience en médecine, il aurait été sans doute à propos de terminer cet opuscule par des préceptes généraux où auraient été exposées les principales règles hygiéniques et médicales à suivre dans l'usage des eaux minérales en général, et dans celui des eaux de *Médague* en particulier ; mais cette tâche, en quelque sorte préventive, n'aurait pu être remplie qu'imparfaitement.

En effet, dans toutes les régles hygiéniques et thérapeutiques en général, il faut tenir compte des circonstances particulières, individuelles, par rapport aux habitudes, à l'âge, au sexe, au tempérament, aux maladies présentes et antérieures, à la nature, à la durée, au mode de solution de celles-ci, au traitement primitivement employé pour icelles, au régime observé, etc.

A ces conditions de rigueur se rattachent donc essentiellement, pour les buveurs des eaux minérales de *Médague* en particulier, l'obligation expresse d'y faire désormais leurs nombreuses pérégrinations annuelles sur la foi et les conseils d'un praticien éclairé, afin d'éviter les abus qui sont la conséquence de leur ignorance téméraire.

Enfin, puisse l'avenir mettre un terme à cette fausse direction de la raison humaine, et celle-ci s'affranchir du joug honteux de l'aveuglement et de l'impéritie !

Les notions que je viens de donner sur les eaux minérales de Médague, presque entièrement ignorées ou superficiellement indiquées dans les ouvrages scientifiques, suffiront, sans doute, pour en faire sentir l'utilité et l'importance.

Comme toutes les eaux minérales, en général, elles sont dans un rapport de cause et d'origine avec les révolutions ou phénomènes volcaniques qui ont eu lieu sur le col de l'Auvergne où il en existe un grand nombre.

Parmi ces richesses territoriales, figure une source minérale aux propriétés médicales de laquelle je veux consacrer quelques lignes, par le désir itératif que j'ai d'être utile à mes concitoyens.

Cette source thermale est celle de St-Alyre qui offre aujourd'hui un établissement propre à rendre de grands services aux habitants de Clermont-Ferrand et à ceux des environs.

Je ne m'occuperai pas ici, avec le savant chimiste M. J. *Girardin*, de rechercher si le travertin, ou dépôt particulier, contenant une grande quantité de silice et de carbonate calcaire qui a formé autrefois le fameux Pont-de-Pierre, a subi une diminution dans la proportion de ses principes incrustants; je n'insisterai pas non plus sur les documents relatifs aux composés chimiques de l'eau de cette fontaine où prédominent les carbonates de chaux et de soude avec adjonction de ci-

lice, de carbonate de magnésie, de péroxide
de fer, d'une matière végéto-animale, d'une
proportion de gaz acide carbonique, etc. ;
mais je mentionnerai seulement, et avec
éloges, ses propriétés médicales particulières
employées en bains, douches d'eau, bains et
douches de vapeur.

Pour apprécier les avantages que présente
l'établissement de St-Alyre, il est à propos de
faire remarquer qu'il se trouve actuellement
dans des conditions d'organisation propres à
le faire prospérer et à le rendre profitable à
certains cas maladifs que j'ai à signaler.

En effet, le propriétaire, M. *Clémentel*,
reconnaissant l'importance de mes avis sur
l'exiguité de l'aménagement primitif de son
édifice thermal, et ayant su tirer parti de ses
excursions dans différents thermes, lui a déjà
donné une physionomie nouvelle qui s'ac-
croît de plus en plus, tant sous le rapport de
son agrandissement, de l'augmentation du
nombre des baignoires et des douches d'eau,
que sous celui de la création d'un appareil spé-
cial et propre à administrer des bains et des douches de vapeur qui pourra acquérir ultérieu-
rement plus de développement d'application.

Ces améliorations ainsi réalisées présentent
toujours, il est vrai, l'inconvénient du chauf-
fage de l'eau dans une grande chaudière plus

ou moins hermétiquement fermée, d'où elle s'écoule par des conduits en plomb pour le service des baignoires, et d'où elle arrive dans l'appareil *ad hoc* qui sert à fournir les bains et les douches de vapeur.

Bien que cette disposition obligée, applicable à d'autres établissements thermaux, et qui tient à ce que la température de l'eau n'est pas assez élevée, soit dans le cas d'apporter quelques changements dans sa composition intime, néanmoins alors « la précipitation par-
» tielle des carbonates terreux et d'une partie
» de l'oxide de fer, observe judicieusement
» M. *J. Girardin*, ne doit pas diminuer sen-
» siblement ses propriétés médicales. »

Quoi qu'il en soit de l'atteinte portée aux principes calcaires et salins de ces eaux par la chaleur artificielle qui tend à les faire plus ou moins précipiter et évaporiser, cette élimination partielle à laquelle ne participe point la matière organique qui y existe ainsi que dans toutes celles de l'Auvergne, ne saurait empêcher de les considérer comme un agent thérapeutique puissant (1).

---

(1) M. Clémentel se proposant de faire chauffer l'eau de sa grande bassine à l'aide de la vapeur, en changeant le mode et la direction des appareils actuels, obtiendra par là des résultats plus avantageux et plus profitables.

Cette assertion est pour moi d'une démonstration rigoureuse, si j'en juge d'après les témoignages de ma pratique médicale que j'invoque ici sciemment.

J'ai, en effet, à enregistrer l'efficacité des bains, des douches d'eau, des bains et douches de vapeur de cet établissement isolément ou simultanément employés dans plusieurs affections morbides qui ont pour cortége principal l'inertie, la raideur, la difficulté des mouvements.

C'est ainsi que j'ai à me louer des bons effets des douches d'eau et des douches de vapeur de Saint-Alyre convenablement dirigées pour combattre 1°. des entorses négligées ou anciennes devenues rebelles aux moyens de l'art antécédemment mis en usage contre elles ; 2°. des tumeurs blanches des articulations débarrassées de tout état d'acuité ; 3°. des raideurs articulaires à la suite de fractures, de luxations ; 4°. des affections rhumatismales chroniques des articulations ; 5°. des rhumatismes fibreux pleurodiniques et autres arrivés à la chronicité ; mais dans ces trois derniers cas, un concours d'action salutaire a été mis en œuvre, soit par des bains généraux dont la température a été sagement et graduellement augmentée, soit par des bains de vapeur pour les deux derniers seulement.

Je dois à la vérité de dire qu'une névralgie cubito-radiale du côté droit qui m'était personnelle et qui était sur le point de me priver de la faculté d'écrire, a cédé à l'emploi des douches de vapeur de Saint-Alyre, dirigées sur le point d'irradiation nerveuse ou le coude ; que plusieurs pleurodynies n'ont pas résisté à ces affusions vaporeuses ; que des hémicranies anciennes ont été combattues avantageusement par les bains de vapeur, pendant la durée desquels il y avait immersion des pieds dans l'eau minérale elle-même élevée à une haute température ; que ceux-ci ont été utiles dans plusieurs affections chroniques de la peau en prenant la précaution, dans ces deux dernières circonstances, d'envelopper les malades, à leur sortie de l'étuve, dans des couvertures de laine très-chaudes, pour favoriser la diaphorèse cutanée.

Je pourrais ajouter à ce catalogue d'affections morbides la possibilité de voir s'amender des cas d'aménorrhée et de leucorrhée sous l'influence plus ou moins perturbatrice des bains, des demi-bains et des douches d'eau de Saint-Alyre, dirigées en arrosoir sur le bas de la colonne épinière.

De tous ces faits patents et acquis à la science médicale, je suis porté à conclure que dans les dispositions d'aménagement actuel des eaux de Saint-Alyre, relatives à leur mode d'administration qui peut être varié suivant les circonstances maladives et individuelles en l'aidant du massage au besoin, les médecins, qui régleront avec opportunité les divers degrés de température, d'immersion, de durée, de force et de forme pour les bains et les douches de cet établissement susceptible de nouvelles améliorations, y trouveront des moyens d'investigation thérapeutique très-appréciables et dont ils tireront un parti fort avantageux, dans des cas déterminés pour le soulagement ou la guérison des malades.

En présentant mes observations sur les eaux minérales en général, et sur celles de Médague et de Saint-Alyre en particulier, au jugement de l'Académie de Clermont-Ferrand, à laquelle j'ai l'honneur d'appartenir, mon principal désir est de trouver en elle un appui à tout ce qui peut servir la science, et, par la science, l'humanité.

Clermont, Imp. de THIBAUD-LANDRIOT et Cie.